ANLEITUNG

zur

richtigen Konstruktion, Aufstellung und Handhabung

von

Gasheizapparaten

Im Auftrage

des

Deutschen Vereins von Gas- und Wasserfachmännern

bearbeitet und herausgegeben

von der

**Heizkommission des Deutschen Vereins von Gas-
und Wasserfachmännern**

unter Mitwirkung des

Herrn Geh. Regierungsrat **Rietschel**

Professor für Heizung und Lüftung an der Kgl. Technischen Hochschule
zu Berlin

München und **Berlin** 1907
Druck und Verlag von R. Oldenbour

Sonderabdruck

aus dem

Journal für Gasbeleuchtung und Wasserversorgung 1907.

Herausgegeben von Geh. Hofrat Dr. Bunte, Karlsruhe.

Druck und Verlag von R. Oldenbourg, München und Berlin.

Inhalt.

Anleitung

zur richtigen Konstruktion, Aufstellung und Handhabung

von

Gasheizapparaten.

Vorwort.

Das Leuchtgas bürgert sich, dank seiner allgemein aner-
kannten Vorzüge, im Haushalt wie im geschäftlichen Leben
und in der Industrie trotz lebhaftester Konkurrenz durch
Elektrizität, Petroleum, Spiritus, Azetylen usw. immer mehr
ein. Der Verbrauch an Leuchtgas hat sich in den letzten
beiden Jahrzehnten in ungeahnter Weise gehoben und ist
in sehr vielen deutschen Städten in dieser Zeit aufs Doppelte,
Dreifache und noch mehr gestiegen. Die Hauptursache dieses
gewaltigen Aufschwunges liegt darin, dafs das Gas nicht nur
seinen Absatz für die Lichtversorgung, behauptet, sondern
in der Kraft- und namentlich in der Wärme versorgung neue
Absatzgebiete gewonnen hat. Besonders als Brennstoff zum
Kochen und vielfach auch zum Heizen hat es sich ein neues Feld
von stets wachsender wirtschaftlicher Bedeutung erschlossen.

Wenn auch Unfälle bei sorgfältiger Behandlung der Gasheizung selten vorkommen, so erschien es den Unterzeich-
neten im Hinblick auf die Benutzung des Gases, namentlich
im Haushalt, doch geboten, auch selbst die Möglichkeit
von Unfällen, wie sie beispielsweise durch unsachgemäfse
Konstruktion oder durch unrichtige Aufstellung und Benutzung
von Apparaten mit grofsem Gasverbrauch bedingt sein kann,
durch Klarlegung der einschlägigen Verhältnisse noch weiterhin zu verringern und tunlichst zu verhüten.

In der folgenden Anleitung wurde versucht, die Frage der Gasheizung und aller in Betracht kommenden Nebenumstände kritisch zu beleuchten, durch Aufstellung von Grundsätzen und Regeln aufklärend zu wirken, unzweckmäfsige Apparate und Installationen, sowie unrichtige Handhabung der Anlagen hintanzuhalten, und die Bedingungen für richtige Konstruktion, Aufstellung und Handhabung von Gasheizanlagen festzulegen.

Hauptsächlich zwei Punkte sind es, denen bisher von den Beteiligten nicht immer das nötige Verständnis und die unbedingt erforderliche Berücksichtigung entgegengebracht wurden: die Sorge für eine ungestörte, vollkommene Verbrennung und für eine richtige Abführung der Verbrennungsprodukte. Während die Produkte der vollkommenen Verbrennung des Gases — Wasserdampf und Kohlensäure —, wenn sie nicht in gröfseren Mengen auftreten, als schädlich nicht angesehen werden können, bringen die Produkte unvollkommener Verbrennung unter Umständen Gefahren für Gesundheit und Leben, wie auch für die Gebäude und ihre Einrichtung mit sich. Die Möglichkeit einer unvollkommenen Verbrennung mufs daher vor allen Dingen bekämpft werden.

Dafs das Ziel, hygienisch einwandfreie Gasheizanlagen zu schaffen, heute schon erreicht ist, beweisen viele im Betrieb befindliche, anstandslos wirkende Gasheizanlagen. Sollten die folgenden Ausführungen dazu anregen, dafs einer guten Konstruktion und einer sachgemäfsen Aufstellung der Gasheizapparate noch erhöhte Aufmerksamkeit geschenkt würde, und gelingt es ferner, auch das Publikum immer mehr zu einer richtigen Behandlung der Gaseinrichtungen zu erziehen, so ist nicht zu zweifeln, dafs die Gasheizung, da wo sie überhaupt am Platze ist, immer mehr zur Anerkennung gelangen wird.

Die Heizkommission des Deutschen Vereins von Gas- und Wasserfachmännern.

Dr. E. Schilling, Vorsitzender.

Geh. Reg.-Rat **Rietschel,**
Professor für Heizung und Lüftung an der Kgl. Technisch. Hochschule zu Berlin.

I. Konstruktion der Gasheizapparate.

1. Allgemeine Anforderungen.

Es ist bekannt, dafs das Steinkohlengas geringe Mengen Kohlenoxyd enthält und dafs dessen Einatmung, wenn sie längere Zeit hindurch erfolgt, schädlich ist. Gasheizapparate müssen deshalb so konstruiert und mit der Gasleitung verbunden sein, dafs ein Ausströmen von unverbranntem Gas in die bewohnten Räume auch bei dauerndem Betrieb nicht eintreten kann.

Kohlenoxyd kann aber nicht nur als Bestandteil des Steinkohlengases bei Gasentweichungen auftreten, es bildet sich auch bei unvollkommener Verbrennung des Gases. Das Steinkohlengas benötigt zu seiner vollständigen Verbrennung zu Kohlensäure und Wasserdampf theoretisch pro 1 cbm Gas 1 cbm Sauerstoff oder 5 cbm Luft, praktisch etwa noch die Hälfte mehr. Findet es soviel Luft nicht vor oder wird die Flamme zu stark abgekühlt, so dafs nicht aller im Gas enthaltener Kohlenstoff zu Kohlensäure verbrennen kann, so entsteht neben anderen Produkten unvollkommener Verbrennung auch Kohlenoxyd. Sind die entstehenden Mengen an Kohlenoxyd auch meist nicht bedeutend, so müssen sie doch, ebenso wie die übrigen Produkte unvollkommener Verbrennung, da sie durch ihren Geruch belästigen, unbedingt vermieden werden.

Es mufs deshalb als eine der wichtigsten Aufgaben bei der Konstruktion von Gasheizapparaten betrachtet werden, unter allen Umständen die Möglichkeit einer unvollkommenen Verbrennung zu verhüten. Unvollkommene Verbrennung kann von einer mangelhaften Konstruktion der Apparate herrühren, sie kann aber auch durch Störungen in den Abzugsverhältnissen bedingt sein.

Freibrennende Flammen sind in geringerem Maſse, an den Schornstein angeschlossene Apparate in höherem Maſse Störungen ausgesetzt, weil gerade durch die in Schornsteinen auftretenden Zugstörungen und Rückströme vielfach schwierige Verhältnisse geschaffen werden, denen bei Gasheizung durch besondere Maſsnahmen begegnet werden muſs. Zugstörungen in angeschlossenen Apparaten beeinträchtigen den Zutritt frischer Verbrennungsluft zu dem fortwährend austretenden Gase, die Verbrennung kann für kürzere oder längere Zeit unvollkommen werden, es kann übler Geruch und Ruſs auftreten, in sehr ungünstigen Fällen können sogar die Flammen ersticken und kann unverbranntes Gas ausströmen.

Gröſsere Gasheizapparate, die an eine Abzugsvorrichtung angeschlossen sind, müssen deshalb so konstruiert bzw. installiert sein, daſs unabhängig von der Wirksamkeit der Abzugsvorrichtung auch bei einem zeitweiligen Versagen der letzteren weder eine unvollständige Verbrennung noch gar ein Verlöschen der Flammen eintreten kann.

Auch kleinere Gasapparate, die keinen Abzug nötig haben, müssen ebenso wie die gröſseren so konstruiert sein, daſs das Gas in ihnen vollständig verbrannt wird.

Ob eine vollständige Verbrennung stattfindet, läſst sich auch vom Laien jederzeit leicht erkennen an dem Fehlen jeglichen unangenehmen Geruches und an dem Aussehen der Flammen.

Eine leuchtende Flamme brennt richtig, wenn sich eine klare, begrenzte, helleuchtende Flammenscheibe über dem nicht leuchtenden Kern der Flammenwurzel bildet. Eine solche Flamme darf nicht trüb und unruhig werden und sich nicht in die Länge ziehen; dies wäre stets ein Zeichen ungenügender Frischluftzufuhr und darum mehr oder minder unvollkommener Verbrennung.

Eine entleuchtete Flamme (Bunsen- oder Blau-
brenner), wie sie namentlich bei Kochern Verwendung findet,
muſs, wenn das Gas entzündet wird, kurz, mit blauer Farbe und
einem inneren scharf begrenzten grünen oder blaugrünen Kern brennen. Nur wenn diese Merkmale vorhanden
sind, brennt die Flamme richtig, ruſs- und geruchfrei. Wird
sie jedoch lang, violett oder erhält sie gar leuchtende Spitzen
oder beginnt zu ruſsen, so ist dies gleichfalls ein Zeichen unvollkommener Verbrennung.

2. Die Gasheizöfen.

Bei Gasheizöfen sowohl wie bei Kohlen- oder Koksöfen
kann es vorkommen, daſs durch starke Windstöſse ein
Rückstau der Verbrennungsprodukte eintritt. In solchen
Fällen können diese Verbrennungsprodukte in den zu
heizenden Raum austreten. Der Kohlenofen »raucht«. Solche
vorübergehende Störungen werden aber bei diesen Öfen nicht
leicht zu einem Erlöschen des Feuers führen, während beim
Gasofen unter ungünstigen Umständen die Möglichkeit des
Erlöschens der Flammen oder wenigstens des Austretens von
Produkten unvollkommener Verbrennung vorhanden sein
kann. Nun kann man aber Gasheizöfen so konstruieren,
daſs ihre Flammen auch bei vollständiger Stockung der
Abgase niemals erlöschen oder ersticken. Es sind dies die-
jenigen Systeme, bei denen am Ofen selbst oder an seinem
Abzugsrohr mit Absicht die Anordnung getroffen ist, daſs
bei einer etwaigen Stauung im Abzugskanal die
Abgase in den zu heizenden Raum austreten können.
Ist dafür gesorgt, daſs in einem solchen Falle — der ja
nur ausnahmsweise und dann nur vorübergehend eintritt —
die vollkommene Verbrennung des Gases ge-
sichert bleibt, so kann bei einer Störung im Abzug schlimm-
stenfalls nur eine geringe Menge der Abgase vorübergehend
durch den Ofen in den Raum austreten. Dies entspricht zwar
nicht der idealen Anforderung, ist aber jedenfalls weniger
störend, als der bei Öfen für feste Brennstoffe auftretende Rauch,

der stets Produkte unvollkommener Verbrennung, also auch das giftige Kohlenoxyd enthält. Man erreicht aber anderseits durch dieses Mittel am sichersten den Zweck, den Gasofen von Störungen in der Abzugsvorrichtung unabhängig zu machen, unter allen Umständen eine Störung der richtigen Verbrennung zu verhindern und erfüllt die oben aufgestellte Forderung, die lautet: »Gröfsere Gasheizapparate, die an eine Abzugsvorrichtung angeschlossen sind, müssen so konstruiert bzw. installiert sein, dafs, unabhängig von der Wirksamkeit der Abzugsvorrichtung, auch bei einem zeitweiligen Versagen der letzteren weder eine unvollständige Verbrennung noch gar ein Verlöschen der Flammen eintreten kann.«

Wie man diese Forderung durch die Konstruktion des Ofens selbst erfüllen kann, zeigen die Fig. 1 und 2.

Fig. 1 zeigt einen Reflektorofen mit leuchtenden Flammen, Fig. 2 einen offenen Gaskamin mit entleuchteten Flammen und Glühsteinen.

In beiden Fällen wird der Zweck dadurch erreicht, dafs die Unterkante der Vorderwand beliebig, aber mindestens 5 cm höher liegt als die Oberkante des Brennerrohres; dabei mufs aber die Flamme sich derart nach aufwärts entwickeln, dafs ihre Verlängerung nicht unter die Metallkante tritt oder aus den Öffnungen heraustritt, damit nicht etwa die Verbrennungsprodukte dauernd den Weg in den zu heizenden Raum nehmen können.

Bei geschlossenen Gasheizöfen wird man darauf zu sehen haben, dafs in der äufseren Mantelfläche Öffnungen angebracht oder sonstige Vorkehrungen bei der Konstruktion getroffen werden, die den Austritt der Abgase im Falle einer Zugstörung ermöglichen, ohne dafs die Flammen von Rückstöfsen im Kamin direkt getroffen oder störende Einflüsse auf die vollkommene Verbrennung ausgeübt werden.

Von der Wirksamkeit dieser Konstruktionsmafsregel kann man sich vor der Aufstellung des Ofens leicht dadurch überzeugen, dafs man vorübergehend den Abzugsstutzen des Ofens schliefst, während die Flammen voll brennen. Es ist alsdann der Abzug der Abgase durch den

Abzugsstutzen völlig gehemmt, die Abgase können nur unter der Abschlufskante herum bzw. bei den hierfür bestimmten Öffnungen in den Raum austreten. Tritt hierbei ein unruhiges, flackeriges Brennen der leuchtenden Flammen auf, ziehen sie sich stark in die Länge und verlieren dabei an Leuchtkraft, so ist dies ein untrügliches Zeichen, dafs die vollkommene Verbrennung gestört ist. In ähnlicher Weise werden sich auch

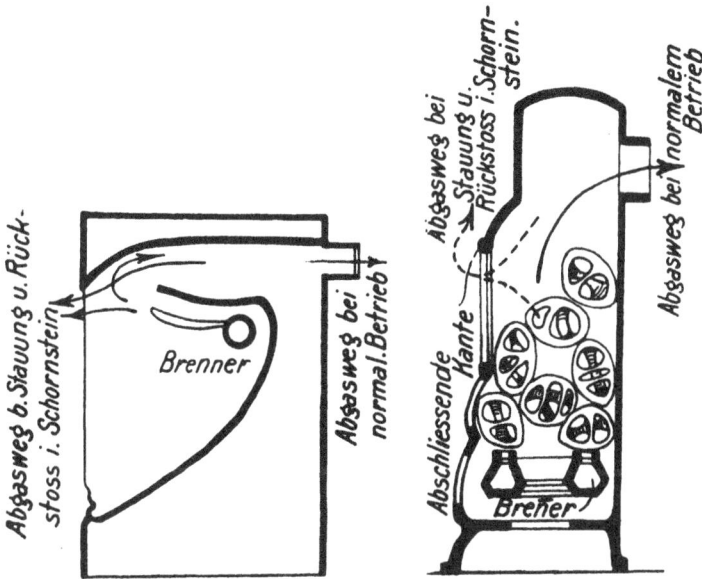

Fig. 1.   Fig. 2.

entleuchtete Flammen in die Länge ziehen und leuchtende Spitzen bekommen. Ist aber der Ofen den gestellten Bedingungen entsprechend konstruiert, so wird sich das Aussehen der Flammen auch bei völlig geschlossenem Abzugsstutzen nicht nennenswert ändern, sie werden vielmehr ungestört mit vollkommener Verbrennung fortbrennen und sich weder in die Länge ziehen noch gar erlöschen.

Von geringerer Bedeutung für das richtige Brennen eines nach diesen Grundsätzen konstruierten Gasofens ist es, ob leuchtende oder

2*

entleuchtete Flammen zur Anwendung kommen;
denn bei dem soeben geschilderten Versuch werden bei dem
mangelhaft konstruierten Apparat die Flammen schlecht, bei
dem gut konstruierten gut brennen, gleichgültig, ob sie
leuchtend oder entleuchtet sind. Die entleuchtete, blaue
Flamme läfst vielleicht für das Auge des Laien weniger
leicht erkennen, wenn Störungen in der richtigen Verbrennung des Gases eintreten, auch erlischt eine klein-
brennende, entleuchtete Flamme bei einem Luftzug leichter
als eine leuchtende, oder sie kann zurückschlagen. Im allgemeinen ist daher eine leuchtende Flamme einer entleuch-
tenden vorzuziehen, ist aber der Ofen so gebaut, dafs die
Flammen durch Störungen im Abzug überhaupt nicht be-
einflufst werden, so sind diese Unterschiede zwischen leuchtenden und entleuchteten Flammen von geringerer Bedeutung.

Was die weiteren Einzelheiten der Konstruktion von
Gasheizöfen betrifft, so ist einerseits die Aufgabe zu erfüllen,
die durch die Verbrennung des Gases entwickelte Wärme
möglichst nutzbar zu machen, anderseits ist aber dafür zu
sorgen, dafs die Abgase noch so viel Auftrieb besitzen, um
selbst bei klein brennenden Flammen mit Sicherheit in den
Schornstein abzuziehen. Zu vermeiden ist es daher,
den Verbrennungsprodukten durch zu enge und
vielfach ihre Richtung ändernde Züge — selbst wenn
sie sich in mehr oder minder aufsteigender Richtung bewegen — einen zu grofsen Widerstand zu
bieten. Hinzuzufügen ist, dafs nach abwärts gehende
Züge im Ofen den Auftrieb der Abgase vermindern
und daher möglichst zu vermeiden sind. Es kann
jedoch der Fall eintreten, dafs bei beschränkter Höhe der
Öfen die notwendige Ausnutzung der in den Verbrennungs-
gasen enthaltenen Wärme mittels steigender Züge allein nicht
möglich ist. In solchen Fällen müssen den fallenden
Zügen stets so viel steigende Züge vorgeschaltet
sein, dafs der durch letztere erzielte Auftrieb den
Widerstand der Abwärtsbewegung überwindet. Bei
solcher Anordnung von steigenden und fallenden Zügen entsteht am höchsten Teile des Ofens ein Überdruck, und es ist

klar, daſs hier im Falle einer Undichtheit der Konstruktion
ein Entweichen von Abgasen in den Raum stattfindet. Es
ist deshalb bei allen Öfen, die neben steigenden
auch fallende Züge besitzen, darauf zu achten, daſs
sie an ihrem höchsten Teile dicht abgeschlossen
sind.

Man kann sich von der richtigen Wirkung dieser Öfen
überzeugen, indem man vor ihrer Aufstellung prüft, ob die
Abgase noch mit fühlbarer Geschwindigkeit aus dem Abzugsstutzen austreten, ohne daſs Abgase vorne aus dem Ofen
entweichen.

Was die Anordnung der Brenner im Ofen betrifft, so ist
folgendes zu beachten: Die Brennerrohre der Gasöfen sind so
anzuordnen, daſs man das Brennen der Flammen jederzeit
beobachten kann, ohne am Ofen Türchen öffnen zu müssen.
Die einzelnen Brenneröffnungen müssen so nahe aneinander-
liegen, daſs sich bei voller Hahnöffnung die Entzündung von
einer auf die andere stets sicher fortpflanzt.

3. Die Gasbadeöfen.

Entsprechend der Tatsache, daſs Gasbadeöfen in der
Regel in kurzer Zeit eine groſse Menge Gas verbrennen müssen
und daſs diese Öfen meist in relativ sehr kleinen Räumen
untergebracht werden, ist bei diesen Anlagen besondere Vor-
sicht geboten. Wenn auch die Anzahl der Unglücksfälle, die
durch Gasbadeöfen verursacht wurden, verhältnismäſsig gering
ist, so muſs doch dahin gestrebt werden, alles aufzubieten,
um auch nur die Möglichkeit von Unfällen weiterhin zu be-
schränken.

Für die Gasbadeöfen gilt das bereits im allgemeinen, wie
im besonderen für die Gasheizöfen Gesagte. In erster Linie
muſs die Forderung gestellt werden:

»Gasbadeöfen sind stets an eine gutwirkende
Einrichtung zur Abführung der Abgase anzu-
schlieſsen.« Heute schon geschieht der Anschluſs an einen
Schornstein fast allgemein, ja er ist an vielen Orten polizei-

lich vorgeschrieben. Leider sind die zumeist kalten und manchmal feuchten Badezimmerschornsteine nicht immer geeignet, gut zu wirken, besonders weil bei Gasbadeöfen die Wärme nicht selten so stark ausgenutzt wird, daſs die Abgase nur mit einer sehr geringen Temperatur in den Abzug treten.

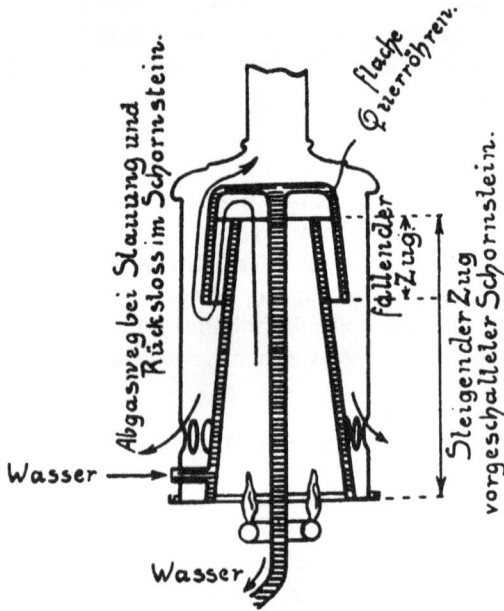

Fig. 3.

Um bei Gasbadeöfen einen genügenden Abzug zu erhalten, ist darauf zu sehen, daſs die Abgase den Ofen noch mit merklichem Auftrieb verlassen. Zu dem Zwecke darf die Verbrennungswärme des Gases im Badeofen nicht vollständig für die Erwärmung des Wassers ausgenutzt werden, es muſs vielmehr auch hier noch ein Überschuſs an Wärme für den Auftrieb im Schornstein vorhanden sein.

Auch die Gasbadeöfen müssen so gebaut sein, daſs sie von Störungen im Abzug unabhängig sind. Es müssen deshalb

Vorkehrungen getroffen sein, die den Austritt der Abgase am Ofen im Falle einer Zugstörung ermöglichen, ohne daſs die Flammen von Rückstöſsen im Kamin direkt getroffen oder sonstige nachteilige Einflüsse auf die vollkommene Verbrennung ausgeübt werden können.

Auch bei den Gasbadeöfen kann man sich vor ihrer Aufstellung von der richtigen Wirkungsweise überzeugen, indem man prüft, ob bei durchflieſsendem Wasser die Abgase aus dem Abzugsstutzen noch mit fühlbarer Geschwindigkeit austreten.

Fig. 3 zeigt als Beispiel eine den Bedingungen entsprechende Bauart eines Gasbadeofens mit vorgeschaltetem Schornstein.

Der Abzug der Verbrennungsgase aus dem Badeofen dieser Bauart wird dadurch begünstigt, daſs über den Flammen eine hohe, geräumige Verbrennungskammer angeordnet ist, worin keine wesentliche Abkühlung der aufsteigenden Verbrennungsprodukte stattfindet, so daſs diese hinreichenden Auftrieb erlangen, um nach der folgenden starken Abkühlung noch in kräftigem Strom aus dem Abgangsstutzen auszutreten.

4. Die Gasapparate der Küche.

Für die Konstruktion der Gasapparate der Küche lassen sich bestimmte Regeln nicht aufstellen, da ihre Bauart und Verwendungsweise eine zu mannigfaltige ist.

Jedenfalls ist aber auch von den Kochapparaten zu verlangen, daſs sie — im technischen Sinne — eine vollständige Verbrennung ergeben, auch wenn Kochgeschirre über den Flammen stehen.

Um diese zu erreichen, müssen die Flammen den allgemeinen Bedingungen für eine vollkommene Verbrennnng entsprechen und die bereits geschilderte Beschaffenheit aufweisen. Vor allem muſs das Verhältnis der Luft zu der aus der Düse ausströmenden Gasmenge richtig geregelt sein. Die für Kochapparate meist angewendete entleuchtete Flamme muſs mit einem inneren, scharf begrenzten grünen oder blaugrünen Kern brennen. Hat der Brenner zu wenig Luft, so wird die Flamme lang, violett oder erhält gar leuchtende Spitzen, hat er zu viel Luft, so schlägt die Flamme zurück, oder sie brennt mit einem knatternden Geräusch. In manchen Fällen wird es vorkommen, daſs Flammen, die beim Anzünden richtige und vollkommene Verbrennung zeigten, bei weiterer Benutzung nicht in gleicher Weise brennen. Dies kann namentlich eintreten, wenn der Abstand des Gefäſsbodens vom Brenner zu klein ist, mitunter auch, wenn zu groſse, den Brennerrand weit überragende Kochgeschirre verwendet werden. In diesen Fällen ist der richtige Zutritt der Luft zur Flamme gestört, die Verbrennung wird unvollkommen.

An Abzugsröhren angeschlossene gröſsere Apparate der Küche sind den gleichen Möglichkeiten von Störungen durch den Abzug ausgesetzt, wie dies bei den Öfen bereits geschildert wurde. Sie müssen daher auch den gleichen Bedingungen entsprechen. In der Regel besitzen die gröſseren Gasheizapparate der Küche an und für sich Öffnungen, durch welche bei Stauungen im Abzug die Verbrennungsprodukte zurücktreten können, ohne die Flamme zu stören. Bei völlig geschlossenen Apparaten aber, wie z. B. manchen Arten von Bratröhren, kann diese Unabhängigkeit durch die Konstruktion des Apparates selbst nicht immer erreicht werden. In solchen Fällen kann man durch die Konstruktion der Abzugsröhren abhelfen, wie später bei Besprechung dieser Einrichtungen gezeigt werden wird.

II. Aufstellung der Gasheizapparate.

1. Notwendigkeit des Anschlusses der Apparate an Abzugsröhren.

Die Verbrennungsprodukte des Steinkohlengases sind Kohlensäure und Wasserdampf; sie wirken gesundheitsschädlich, wenn sie in beträchtlicher Menge in die vom Menschen einzuatmende Luft eingeführt werden.

Es ist deshalb vor allem der Grundsatz zu befolgen:

Zimmeröfen, Badeöfen sowie gröfsere Herde und andere gröfsere Gasheizapparate sind stets an eine geeignete Einrichtung zur Abführung der Abgase anzuschliefsen.

Die Grenze, bis zu welcher Apparate ohne Abzug zulässig erscheinen, ist nicht nur durch den stündlichen Gasverbrauch des Apparates und durch die Art seiner Benutzung sondern auch durch die Gröfse des Raumes, in dem der Gasapparat benutzt wird, durch die Lüftungsverhältnisse und sonstige Nebenumstände bedingt.

Wie weit Apparate ohne Abzug zulässig erscheinen, ist deshalb von Fall zu Fall unter Berücksichtigung nicht nur des Gasverbrauchs und der Art des Apparates, sondern auch der Gröfse, Lage, Benutzung und der Lüftungsverhältnisse des Raumes zu entscheiden.

1 cbm Leuchtgas entwickelt bei seiner Verbrennung etwa 0,57 cbm Kohlensäure von 0^0, die Luft eines dauernd benutzten Raumes wird noch den hygienischen Anforderungen entsprechen, wenn der Kohlensäuregehalt nicht über 0,15% beträgt; bei vorübergehender, d. h. stundenweiser Benutzung eines Raumes, wie z. B. einer Küche, wird man einen Kohlensäuregehalt bis 0,4% für zulässig erklären können.

2. Zuführung frischer Luft.

Wie bei jeder Ventilation, so ist auch bei der Abführung der Abgase darauf zu achten, dafs an geeigneter Stelle ausreichende Gelegenheit für den Zutritt frischer

Luft gegeben ist. Ist ein Raum dicht verschlossen, so daſs die erforderliche frische Luft nicht ungehindert und leicht zuströmen kann, so muſs die beste Abzugsvorrichtung versagen. Ganz besonders ist dieser Umstand in kleinen Räumen, wie z. B. in Badezimmern, von Wichtigkeit, da ein Badeofen zur Verbrennung des für ein Vollbad nötigen Gases mindestens $7^1/_2$ cbm Luft verbraucht.

Es ist deshalb unter allen Umständen als Grundsatz festzuhalten:

In kleinen Räumen, insbesondere in Badezimmern, in denen ein gröſserer Gasapparat (Gasbadeofen) benutzt wird, ist zur Erreichung einer guten Lüftung neben der Abführung der Abgase auch für die Zuführung frischer Luft zu sorgen.

In einem Baderaum sollen daher ständige Lüftungsvorrichtungen nicht fehlen. Meistens findet man nur Lüftungsklappen zur Entlüftung vor, selten ist für die Zuführung frischer Luft gesorgt. In vielen Fällen kann schon ein kleiner Spalt der Zimmertüre oder eine unten an ihr ausgeschnittene Öffnung dem Mangel abhelfen.

Die Schwierigkeiten, die durch die Aufstellung der Gasbadeöfen in kleinen Badezimmern entstehen, hat man in neuerer Zeit dadurch zu beseitigen gesucht, daſs man diese Apparate in einem anderen, womöglich nicht zum dauernden Aufenthalt von Menschen bestimmten Raume aufgestellt und sie durch Vorschaltung einer selbsttätigen Einrichtung zum An- und Abstellen des Gaszuflusses zu Heiſswasserautomaten umgestaltet hat. Wird an diese eine Rohrleitung für heiſses Wasser angeschlossen und durch alle Räume des Hauses geleitet, in denen man solches nötig hat, so ist man in der Lage, durch Öffnen eines Zapfhahnes an jeder Stelle, also auch im Badezimmer, in kürzester Zeit flieſsendes warmes Wasser zu erhalten.[1]

---

[1] Vgl. F. Schäfer: Die Warmwasserversorgung ganzer Häuser und einzelner Stockwerke durch selbsttätige Erhitzer mit Gasfeuerung. (München 1906, R. Oldenbourg.) 50 Pf.

Es genügt auch vielfach, den Badeofen, statt in das Badezimmer, einfach in den davorliegenden Korridor zu stellen.

Auch in K ü c h e n soll — schon zur Beseitigung der Küchendünste — für eine ausreichende Lüftung gesorgt werden.

3. Abführung der Verbrennungsprodukte.

a) Anlage der Abzugsröhren im allgemeinen.

Die bei Gasheizapparaten abzuführenden Verbrennungs-produkte unterscheiden sich wesentlich von denen der Kohlen- und Koksöfen. Sie enthalten weder Rauch noch Ruſs, son-dern in normalem Zustande nur Produkte vollkommener Ver-brennung: Kohlensäure, Stickstoff und Wasserdampf, neben einem kleinen Luftüberschuſs. Es sind also an Schornsteinen, die ausschlieſslich für Gasheizung dienen, alle Vorrichtungen zur Reinigung, wie Putztürchen, und alle Bestimmungen, wie sie z. B. durch die Kaminkehrerordnung vorgeschrieben sind, überflüssig. Aber auch die in den meisten Regulativen, Feuer-polizei- und Bauordnungen, Baupolizei-Verordnungen u. dgl. für Abzugsrohre und Schornsteine enthaltenen Vorschriften sind ohne weiteres für die Abzugsvorrichtungen, die aus-schlieſslich der Gasheizung dienen, nicht zutreffend, denn die Temperatur- und Zugverhältnisse in den Abgasrohren der Gasheizapparate sind wesentlich andere als die in den üblichen Schornsteinen.

Während unsere üblichen Öfen für die festen Brenn-stoffe eines entsprechenden ›Zuges‹ bedürfen, um die nötige Verbrennungsluft durch die Brennstoffschicht hindurch-zudrücken, bedarf ein nach richtigen Grundsätzen gebauter Gasheizapparat, um richtig zu brennen, einer einem gewöhnlichen Ofen gleichzustellenden Zugwirkung nicht, ja ein zu starker Zug im Schornstein kann sogar störend auf das richtige und ruhige Brennen der Gasflammen und auf den Nutzeffekt des Apparates einwirken. Zweck der Abzugsvorrichtungen für Gasheizapparate ist vielmehr nur der, die Verbrennungsprodukte vermöge ihres Auftriebes aus dem betreffenden Raume ins Freie abzuführen. Dieser Auftrieb ist in erster Linie abhängig von der Temperatur und der Geschwindigkeit, mit der die Abgase den Apparat verlassen. Bei ihrer relativ niedrigen Temperatur, die bei grofs brennenden Flammen ca. 80—100⁰ und bei klein brennenden Flammen entsprechend weniger beträgt, ist vor allem dafür zu sorgen, dafs die Abgase in dem Abzugsrohr bzw. im Schornstein nicht zu stark abgekühlt werden und dafs ihre Geschwindigkeit nicht zu sehr verringert wird.

Von besonderer Wichtigkeit ist dies bei Bade- und Warm-wasseröfen, deren Abgase meist ohnehin schon infolge der bedeutenden Wärmeabgabe an das Wasser geringere Temperaturen aufweisen.

Es sind deshalb die Querschnitte der Abzugs-vorrichtungen nicht gröfser als nötig zu machen.

Die Erfahrung lehrt, dafs es für die Abführung der Verbrennungsprodukte ausreicht, den Querschnitt des Abzugs-rohres 20 mal so grofs zu machen als den des den Gasheiz-apparat speisenden Gasrohres.

Hiernach ergeben sich für die Querschnitte der Abzugs-vorrichtungen folgende Werte:

Weiten der Gaszuführung und der Abzugsrohre für Gasheizapparate.

Stündlicher Gasverbrauch	Weite des Gasrohrs			Weite des Abzugsrohres	
	Durchmesser		Querschnitt	Querschnitt	Durchmesser
cbm	Zoll	mm	qmm	qcm	cm
0,2	3/8	9,5	71	14	5
0,6	1/2	12,5	123	25	6
1,2	5/8	16,0	201	40	8
2,0	3/4	19,0	284	57	9
3,8	1	25,5	511	102	12
7,5	1 1/4	32,0	804	161	15
12,0	1 1/2	38,0	1134	227	17
27,0	2	51,0	2043	409	22

Nach dieser Tabelle erfordern die Abzüge von Gasheizanlagen in den meisten Fällen viel geringere Durchmesser als
die üblichen Ofenrohre und Schornsteine. Bei Neubauten,
in denen eigene Abzugsrohre oder Kamine für Gasheizung
angelegt werden, ist darauf zu sehen,
daß diese nicht in übermäßiger Weite
ausgeführt werden. Leider werden in
den seltensten Fällen bei Neubauten
überhaupt besondere Abzüge für Gasheizapparate vorgesehen, man über-
läßt es vielmehr dem Zufall, ob nachträglich Gasheizapparate und insbesondere Gasöfen eingerichtet werden. Die
Gasheizung leistet aber gerade häufig
neben der Zentralheizung als Ergänzung
derselben und für die Bereitung warmen
Wassers wertvolle Dienste und ist in
der Küche unentbehrlich. Es sollte
daher von den Architekten nicht
versäumt werden, in Neubauten,
besonders in Einfamilien-
häusern mit Zentralheizung,
von vornherein Abzugskamine
für Gasöfen und die übrigen Gasheizapparate anzulegen. Es ist
dies um so leichter durchzuführen, als

Fig. 4.

ja die Dimensionen dieser Abzüge so
gering sind, daß sie in Gestalt entsprechend enger Tonrohre
in Mauernuten gelegt oder mittels der in Fig. 4 skizzierten
Tonrohre in Verband mit dem Mauerwerk aufgeführt werden
können.[1])

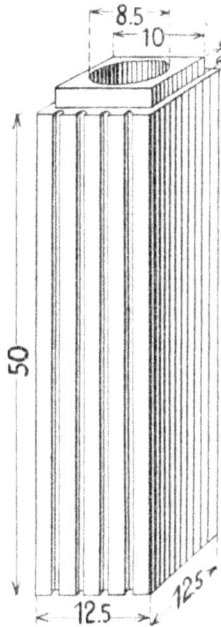

Jedenfalls und ganz besonders bei Gasbadeöfen ist zu vermeiden, daß Kanäle oder Kamine,
die einen viel zu weiten Querschnitt haben,

---

[1]) Vgl. F. Schäfer, Das Gas im bürgerlichen Wohnhause,
Deutsche Bauzeitung 1906, Nr. 89, S. 605 ff. (Sonderdruck, München
1907, R. Oldenbourg; 50 Pf.); Journ. f. Gasbel. 1907, S. 115.

als Abzug von Gasheizapparaten benutzt werden.
Sie sind nur dann verwendbar, wenn es möglich ist, ein
Abzugsrohr von entsprechend engem Querschnitt in dieselben
einzubauen. Metallrohre sind hierbei zu isolieren.

Am besten würde jeder gröfsere, mit Abzug versehene
Gasheizapparat, ebenso wie jeder Kohlenofen, sein geson-
dertes Abzugsrohr für die Abgase besitzen, mindestens sollten
aber an ein Abzugsrohr nicht Apparate verschiedener Stockwerke angeschlossen werden, da es sonst leicht vorkommen
kann, dafs die Abgase des einen den Gang der anderen
nachteilig beeinflussen.

Sind entweder keine Schornsteine vorhanden oder wegen
zu grofser Dimensionen oder aus sonstigen Gründen nicht
benutzbar, so leistet eine gut abgedichtete Rohrleitung aus
Ton-, verbleiten Blech- oder schmiedeeisernen Rohren, die
entweder in einer Mauernut hochgeführt wird, oder, falls
sie freiliegt, entsprechend isoliert sein mufs, gute Dienste.
Steinzeugrohre können auch nachträglich in Form eines
Pilasters in den Zimmern hochgeführt werden.

Die Anbringung von Abzugsrohren in kalten Aufsenwänden
oder im Freien ist möglichst zu vermeiden. Wenn sie nicht
umgangen werden kann, sind die Abzugsrohre durch Isolierung
gegen Abkühlung bestens zu schützen und, um den nötigen
Auftrieb zu erhalten, unmittelbar hinter dem Gasapparat
zunächst im Raum frei in die Höhe und erst unterhalb der
Decke in den Kamin zu führen.

b) Unschädlichmachung des Wasserdampfes.

Bei der Aufstellung von Gasapparaten ist dem in den Abgasen enthaltenen Wasserdampf besondere Aufmerksamkeit zu
schenken. Sind die Schornsteinwände kälter als der jeweilige
Taupunkt, so schlägt sich der Dampf zum Teil an ihnen als
Wasser nieder. Die Wandungen der Abzugsrohre bzw. Schornsteine müssen deshalb vollkommen dicht sein, so dafs weder
Verbrennungsgase noch Niederschlagswasser durch dieselben
austreten können. Bei Neubauten wäre darauf hinzuwirken,
dafs gemauerte Schornsteine innen glatt zementiert werden,
damit das Wasser nicht in die Wandungen eindringt und auf

diese Weise zu feuchten Wänden Anlaſs gibt, oder daſs man glasierte Tonrohre einbaut, deren Muffen mit Lehm, Blei oder durch eine andere nachgiebige Verbindung abgedichtet werden. Solche Rohre sollen mit dem Mauerwerk nicht in fester Verbindung stehen, damit sie nicht durch Setzen desselben zerdrückt oder in ihren Verbindungen gelockert werden. Für Abzugsrohre aus Blech ist ein Material zu nehmen, das von den Verbrennungsprodukten des Gases nicht angegriffen wird. Rohre aus starkem Schwarzblech, verbleitem oder asphaltiertem Eisenblech sind ihrer gröfseren Haltbarkeit halber verzinkten Blechrohren vorzuziehen.

Zur Aufnahme etwaigen Niederschlagswassers ist die Anbringung von Auffangvorrichtungen an den tiefsten Stellen der Schornsteine bzw. der Abzugsrohre, oder Anschluſs an eine Abwasserleitung empfehlenswert. Es ist jedoch nicht erforderlich, die Abzugsrohre bis zur Kellersohle herabzuführen, auch sind die sonst üblichen Putztürchen entbehrlich. Dagegen ist darauf zu achten, daſs bei Ton- und Blechröhren stets das untere Ende des oberen Stückes in das obere Ende des unteren Stückes eingeschoben wird, damit das Niederschlagswasser nicht aus dem Rohrstoſs herauslaufen kann.

c) Mündung der Abzugsrohre ins Freie.

Wir haben gesehen, daſs die Abgase zur Vermeidung einer verringerten Geschwindigkeit und einer hierdurch bedingten stärkeren Abkühlung der Verbrennungsprodukte auf möglichst kurzem Wege ins Freie abzuführen sind. Eine solche Abkühlung tritt namentlich auch dann ein, wenn in Aufsenwänden liegende Abzugsrohre ins Freie geführt werden, oder wenn Schornsteine, die in Innenmauern liegen, in beträchtlicher Höhe über Dach geführt werden. Die Bauordnungen schreiben für gewöhnliche Kamine meist eine bestimmte Höhe über Dachfirst vor. Bei Schornsteinen, die zur Ableitung der Rauchgase von Zimmeröfen und gewerblichen Feuerungen dienen, wird, da die Abgase eine hohe Temperatur besitzen, bekanntlich der Zug vermehrt, wenn man ihrer Höhe einige Meter zulegt. Bei Schornsteinen, die die

Verbrennungsprodukte von Gasapparaten ableiten sollen, kann die Erhöhung nachteilig werden, wenn durch diese die Abkühlung der Abgase so groſs wird, daſs sie nicht mehr den nötigen Auftrieb besitzen. Es ist deshalb für die Gasheizung die bedeutende Hochführung der Schornsteine über Dach oft mehr schädlich als nützlich. Es ist völlig genügend, mitunter sogar von Vorteil, wenn die Abgase nur bis in den Dachboden geführt werden, soferne dieser nicht zu Wohnzwecken dient und genügend gelüftet ist. Jedenfalls kann bei dieser Anordnung der schädliche Einfluſs von Windstöſsen in einfachster Weise vermieden werden.

Um die Mündungen der Abzugsrohre ins Freie zu schützen, sind Deflektoren zu empfehlen, wenn nach Art der Dachkonstruktion oder der umliegenden Gebäude Oberwind zu erwarten steht. In Anwendung zu bringen sind nur feste, d. h. nicht durch den Wind drehbare Deflektoren.

d) Abzugsrohre für Küchen.

In Küchen ist für geschlossene gröſsere Herde und andere gröſsere Gasheizapparate ein Abzug erforderlich, dagegen nicht bei einfachen Kochern und kleineren Herdplatten.

Die Notwendigkeit des Anschlusses an Abzugsvorrichtungen ist nach den früher gegebenen Anhaltspunkten zu beurteilen. Empfehlenswert ist es, die Einleitung von Abgasen eines Gas- und eines Kohlenherdes in einen und denselben Schornstein zu vermeiden und anzustreben, daſs in Neubauten richtig dimensionierte besondere Abzugsrohre für die Gasapparate der Küche angelegt werden.

Bei geschlossenen Brat- und Backapparaten, die eine Vorrichtung zur Abführung der Abgase besitzen, wird man unter Umständen auf Schwierigkeiten stoſsen, die vollkommene ungestörte Verbrennung auch bei Stauungen im Abzugrohr aufrecht zu erhalten, weil hier nicht immer, wie bei den Gasöfen, am Apparat selbst eine zweckentsprechende Vorrichtung zum Austritt der Abgase im Falle einer Zugstörung geschaffen werden kann.

Für solche Apparate ist daher die Ausmündung der Abgase auf dem Dachboden ganz besonders zu empfehlen; wo

dies nicht angängig ist, kann die ungestörte, vollkommene
Verbrennung auch dadurch gesichert werden, daſs man in
das Abzugsrohr eine Unterbrechung einschaltet, die den
Abgasen gegebenenfalls ein Entweichen in den Raum ge-
stattet, ohne daſs sich der Rückstoſs bis zum Apparat fort-
pflanzen kann. In Fig. 5, 6 und 7 sind derartige Anord-

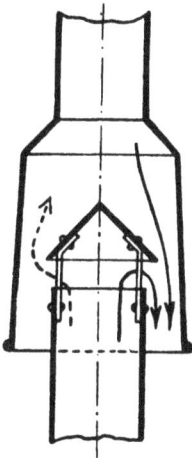  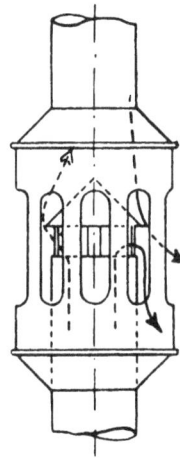

Fig. 5.   Fig. 6.   Fig. 7.

nungen skizziert. Wendet man solche Unterbrechungen an,
so ist es angezeigt, vom Apparat ab zur Herstellung eines
gewissen Zuges zunächst das Rohr so hoch wie möglich
aufwärts zu führen und vor der Einmündung in den Schornstein die Unterbrechung folgen zu lassen.

Werden solche Unterbrechungen angewendet, so ist dafür
Sorge zu tragen, daſs die Abgase mit nicht zu niedriger Temperatur entweichen, da sie durch das beständige Zutreten von
Luft in den Unterbrechungen nicht unbedeutende Abkühlung
erfahren.

III. Handhabung der Gasheizapparate.

1. Instandhaltung der Apparate.

Ein sicherer, ordnungsgemäſser Betrieb von Gasheizapparaten läſst sich nur dann erreichen, wenn die gesamte Gasheizanlage von vornherein fachgemäſs und solide hergestellt ist und dauernd reinlich und in gutem, betriebsfähigem Zustand erhalten wird. In erster Linie ist darauf zu achten, daſs die ganze Heizanlage völlig gasdicht ist und bleibt. Schon die geringsten Gasentweichungen geben sich durch den intensiven Geruch des Gases zu erkennen und müssen in fachgemäſser Weise beseitigt werden. Namentlich ist darauf zu achten, daſs gröſsere Apparate — besonders Badeöfen —, die einmal durch Zufall beschädigt worden sind, nicht weiterhin benutzt werden.

Sind Gasheizapparate (Badeöfen) nachweislich beschädigt, oder ist Gasgeruch an ihnen wahrzunehmen, so dürfen sie nicht eher wieder in Gebrauch genommen werden, bis sie von fachkundiger Hand in Ordnung gebracht worden sind.

Zur guten Instandhaltung der Gasheizapparate gehört ferner, daſs die Brenner und Apparate dauernd rein gehalten werden, was besonders bei Kochapparaten zu beachten ist. Sind die Ausströmungsöffnungen des Gases oder die Öffnungen für die Luftzuführung durch Staub, übergelaufene Speisen oder dergleichen verschmutzt, so kann ein richtiges Brennen des Gases nicht mehr stattfinden, die unvollkommene Verbrennung macht sich alsdann durch das veränderte Aussehen der Flammen geltend, die Böden der Kochgefäſse werden ruſsig, unangenehmer Geruch macht sich bemerkbar, der Gasverbrauch wächst.

In allen Fällen ist das Freisein von Geruch und Ruſs und eine begrenzte klare Flamme das deutlichste Merkmal einer richtigen Verbrennung. Der Inhaber oder Benutzer einer Gasheizanlage

mufs sich deshalb über die Gasfeuerung soweit
unterrichten, dafs er in der Lage ist, an diesen
Merkmalen ihr richtiges Brennen selbst beurteilen zu können.

2. Das richtige Anzünden und Inbetriebsetzen von Gasheizapparaten.

Zu einer richtigen Handhabung der Gasapparate gehört
neben guter Instandhaltung vor allem das richtige Anzünden und Inbetriebsetzen. Öffnet man den Gashahn
eines Apparates, ohne das Gas sogleich zu entzünden, so
sammelt sich, besonders wenn der Apparat ein geschlossener
ist, eine Mischung von Gas und Luft an, welche unter Umständen explosibel ist, nämlich dann, wenn 100 Raumteilen
Luft 8 bis 19 Raumteile Gas beigemischt sind. Wird ein
solches Gemisch entzündet, so explodiert bzw. verpufft es.
Die Wirkung ist je nach Gröfse des Apparates verschieden.
Bei kleinen Apparaten verläuft eine solche Verpuffung völlig
harmlos. Bei gröfseren Öfen und besonders bei Badeöfen
kann sie eine mehr oder weniger erhebliche Beschädigung
des Ofens und seiner Umgebung zur Folge haben.

Als wichtigste Regel beim Anzünden von Gasheizapparaten ist deshalb zu beachten, dafs Gashähne an Apparaten nie geöffnet werden dürfen, ohne dafs das
Gas sofort entzündet wird. Zu diesem Zweck ist
stets das Zündmittel schon **vor** dem Öffnen des
Gashahns am Apparat bereit zu halten.

Ist aber einmal der Gashahn eines Apparates aus irgend
einem Grunde offen geblieben, ohne dafs das Gas entzündet
wurde, so schliefse man ihn und warte unter allen Umständen, bis alles ausgeströmte Gas mit Sicherheit abgezogen
ist, ehe man die Zündung vornimmt.

Da gerade beim Anzünden der Gasapparate häufig Un-
vorsichtigkeiten begangen werden, so seien einige öfter vor-
kommende Fälle fehlerhaften Anzündens besprochen:

Es ist z. B. falsch, zuerst den Gashahn zu öffnen und
dann erst nach einem Streichholz zu suchen. In der Zwischen-

zeit kann so viel Gas ausströmen, daß leicht beim Entzünden eine Verpuffung erfolgen kann.

Manchmal kommt es vor, daß sowohl der Haupthahn am Gasmesser, wie der Hahn am Apparat geschlossen ist. Wird nun, um zu zünden, zuerst der Apparatenhahn geöffnet und dann so lange offen gelassen, bis auch der weiter abliegende Haupthahn geöffnet ist, so wird unter Umständen bis zur Rückkehr eine so beträchtliche Gasmenge ausgetreten sein, daß das im Apparat entstandene Gas-Luftgemisch beim Ent-zünden verpufft.

Es sollen deshalb bei Inbetriebnahme eines Gasapparates stets die weiter abliegenden Gas-hähne zuerst und zuletzt erst der Hahn am Appa-rat geöffnet werden.

Es kann vorkommen, daß nach Öffnen des Gashahnes am Apparat das Gas nicht sofort brennt, ja sogar, daß es erlischt, weil zunächst Luft, die sich in der Leitung an-gesammelt hat, austritt. In solchem Falle öffne man den Hahn ein wenig, ohne zu zünden, schließe ihn wieder und warte, bis das mit der Luft austretende Gas verflogen ist; alsdann kann das Anzünden in regelrechter Weise erfolgen.

Schlägt eine entleuchtete Flamme beim Anzünden mit Knall zurück, so daß unter Geräusch das Gas an der Düse im Innern des Mischrohres brennt, dann zeigt sich an der Brenner-mündung eine unruhige, dunkle, unter Umständen rußende Flamme, die schlechten Geruch verbreitet und geringe Heiz-kraft besitzt. Der Brenner ist sofort auszudrehen und die Flamme zu richtigem Brennen zu bringen.

Bei der Inbetriebsetzung von Gasbadeöfen ist beson-ders zu beachten, daß der Wasserzulauf geöffnet wird, ehe man das Gas anzündet. Wird das Gas im Badeofen an-gezündet, ehe der Wasserzulauf geöffnet wurde, oder bleibt während des Brennens — sei es durch Abstellen, Rohrbruch oder dergleichen — der Wasserzufluß aus, so kann die durch das Gasfeuer wachsende Erhitzung zu einer Zerstörung des Apparates führen. Man hat viele Mühe aufgewendet, durch zwangläufige Verbindung der Gashähne und Wasserventile und durch bewegliche Zündflammen und herausschwenkbare

Brenner eine richtige Handhabung der Öfen zu erzwingen.
Solche sog. »Hahnsicherungen« werden im Unverstand nicht
selten mit Gewalt unwirksam gemacht.

An jedem Gasbadeofen oder in dessen Nähe sollte
daher eine deutlich sichtbare kurze Gebrauchsanweisung mit den nötigen Vorsichtsvorschriften angebracht sein.

Auch lasse man einen im Betrieb befindlichen
Badeofen nie längere Zeit ohne Aufsicht.

3. Das Absperren des Gases.

An allen Gasmessern befindet sich ein sog. Haupthahn,
durch den die ganze von ihm mit Gas gespeiste Anlage ab-
gesperrt werden kann.

Das vielfach gebräuchliche allabendliche Schliefsen dieses
Haupthahnes ist für Wohnhäuser nicht zu empfehlen. Wird
nämlich beim Schliefsen des Haupthahnes am Abend über-
sehen, gleichzeitig auch alle einzelnen Gasauslässe an den
Apparaten zu schliefsen, so kann beim Wiederöffnen des
Haupthahnes am nächsten Tag eine Gasausströmung entstehen.
Das Schliefsen des Haupthahnes ist in Wohnhäusern nur zu
empfehlen, wenn eine Gaseinrichtung auf längere Zeit aufser
Gebrauch gesetzt werden soll. In jedem Falle aber überzeuge
man sich, ehe man den Haupthahn wieder öffnet, davon, ob
alle einzelnen Gasauslässe geschlossen sind.

Schlauchverbindungen müssen stets durch einen am Ende
der festen Leitung angebrachten Hahn absperrbar sein. Befindet sich am Apparat ein zweiter Absperrhahn, so ist darauf
zu achten, dafs bei längerer Aufserbetriebsetzung, namentlich
während der Nacht, vor allem der Hahn an der festen Leitung
(an der Wand) geschlossen wird, damit nicht durch zufällige
Undichtheiten an der Schlauchverbindung Gasausströmungen
entstehen.

IV. Schlufsbemerkungen.

Wie alle technischen Einrichtungen ein gewisses Verständnis und Aufmerksamkeit in ihrer Benutzung und Behandlung erfordern, so ist dies auch bei der Gasfeuerung. Die Gasapparate stellen in dieser Hinsicht infolge ihrer grofsen Einfachheit und Bequemlichkeit verhältnismäfsig sehr geringe Anforderungen. Die wachsende Verwendung der Gasheiz- und Kochapparate, selbst in den unteren Volksschichten, und die verhältnismäfsig geringe Zahl von Unfällen zeigen dies. Man kann wohl sagen, dafs die Gefahren, die in einer unrichtigen Behandlung von Gasheizapparaten liegen, um so mehr schwinden, je mehr sich die Verwendung des Gases in allen Schichten der Bevölkerung ausbreitet, je mehr das Publikum mit dem Gase bekannt und vertraut wird. Trotzdem erachten auch wir es für unsere Pflicht, immer wieder auf die nötigen Vorsichtsmafsregeln aufmerksam zu machen.

Zu diesem Zwecke sind am Schlusse nochmals die wichtigsten, bei Einrichtung und Benutzung von Gasheizanlagen zu beobachtenden Regeln zusammengestellt.

V. Die wichtigsten, bei Einrichtung und Benutzung von Gasheizanlagen zu beobachtenden Regeln.

1. Größere Gasheizapparate, die an eine Abzugsvorrichtung angeschlossen sind, müssen so konstruiert bzw. installiert sein, daß, unabhängig von der Wirksamkeit der Abzugsvorrichtungen, auch bei einem zeitweiligen Versagen der letzteren weder eine unvollständige Verbrennung, noch gar ein Verlöschen der Flammen eintreten kann.

2. Auch kleinere Gasheizapparate, die keinen Abzug nötig haben, müssen ebenso wie die größeren so konstruiert sein, daß das Gas in ihnen vollständig verbrannt wird.

3. Zimmeröfen, Badeöfen, sowie größere Herde und andere größere Gasheizapparate sind stets an eine geeignete Einrichtung zur Abführung der Abgase anzuschließen.

4. In kleinen Räumen, insbesondere in Badezimmern, in denen ein größerer Gasheizapparat (Gasbadeofen) benutzt wird, ist zur Erreichung einer guten Lüftung neben der Abführung der Abgase auch für die Zuführung frischer Luft zu sorgen.

5. Gasheizanlagen müssen fachgemäß und solide hergestellt sein und dauernd reinlich und in gutem, betriebsfähigem Zustand erhalten werden.

6. Gashähne an Apparaten dürfen nie geöffnet werden, ohne daß das Gas sofort entzündet wird. Zu diesem Zweck ist stets das Zündmittel schon **vor** dem Öffnen des Gashahnes am Apparat bereit zu halten.

7. Der Inhaber oder Benutzer einer Gasheizanlage muß sich über die Gasfeuerung soweit unterrichten, daß er in der Lage ist, ihr richtiges Brennen beurteilen zu können. Das Fehlen jeglichen unangenehmen Geruches und die richtige Form und Farbe der Flamme sind die sichersten Merkmale hierfür.

8. An Gasbadeöfen oder in deren Nähe ist eine deutlich sichtbare kurze Gebrauchsanweisung mit den nötigen Vorsichtsvorschriften anzubringen.

9. Sind Gasheizapparate (Badeöfen) nachweislich beschädigt, oder ist Gasgeruch an ihnen wahrzunehmen, so dürfen sie nicht eher wieder in Gebrauch genommen werden, bis sie von fachkundiger Hand in Ordnung gebracht worden sind.

www.ingramcontent.com/pod-product-compliance
Lightning Source LLC
Chambersburg PA
CBHW031454180326
41458CB00002B/767